科普漫畫系列

漫畫 萬物起源
文明發展

洋洋兔動漫　著

新雅文化事業有限公司
www.sunya.com.hk

目錄

🎋 大自然的奇妙禮物

🎋 醫療衛生中的重要發明

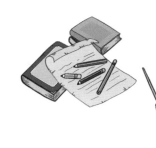

文化傳播中的有趣創造

軍事中的科技發明

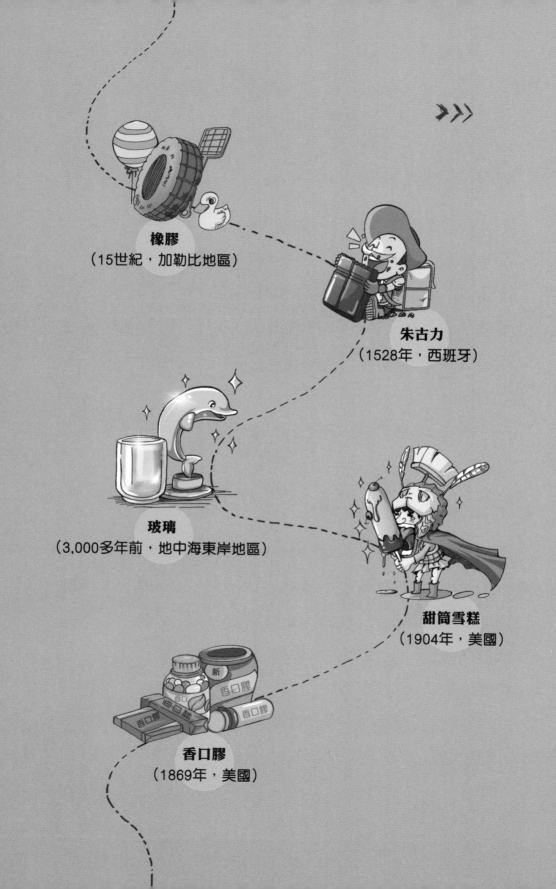

橡膠

（15世紀，加勒比地區）

朱古力

（1528年，西班牙）

玻璃

（3,000多年前，地中海東岸地區）

甜筒雪糕

（1904年，美國）

香口膠

（1869年，美國）

大自然的
奇妙禮物

大自然是一座神奇的寶庫，它不但孕育了多種多樣的生命，還為我們提供了很多意想不到的便利材料。至今還有很多人在秘境中探索，希望能像過去的冒險家一樣給人類帶來偉大的發現。

彈力十足的樹汁
——橡膠的由來 (15世紀，加勒比地區)

- 橡膠是從橡膠樹、橡膠草等植物中提取的植物液體乳膠。
- 加工後的橡膠是具有彈性、絕緣性，並且防水的材料。

*哥倫布：在意大利出生的探險家，他在西班牙王室的資助下到達了美洲大陸，開辟了歐洲對外殖民的時代。

大家去樹林裏撿點柴火，生火做飯。

冷靜……冷靜……

給你吃。

上帝保佑。

再給這位朋友來一碗。

好！

味道不錯吧?

送我的?這是什麼?

又軟……

又有彈性。

我丟……

啊!

你在哪裏發現這個東西的？

這玩意彈性這麼好，做成車輪會比木輪好多了。

就是這個樹汁嗎？

於是，哥倫布讓船員們學習土著割開樹皮，讓樹汁流到木桶裏。

大家努力，回去我們就發財了！

這種曬乾後彈力十足的樹汁被用來製作車輪，逐漸取代了木製車輪。它是由印第安人發現的，稱之為「橡膠」。

比木頭輪子穩固多了，哈哈！

　　哥倫布是一名著名的航海家，從小就立志要暢游大海。他小時候最喜歡讀《馬可‧孛羅遊記》，對於地圓說更是深信不疑。最初，很多人都認為他只是一個招搖撞騙的人，但是他為了開辟新航路，四處游說了十幾年，終於達成了心願。可見，夢想是可貴的，而堅持夢想的人更是可敬。

印第安人的「苦水」
——朱古力的由來　（1528年，西班牙）

- 「朱古力」是一個外來詞，chocolate的音譯。
- 它的主要原料是可可豆。

科爾特斯

1519年，西班牙探險家科爾特斯*帶領探險隊進入墨西哥腹地。

累死我了，不走了！

腳要走斷了！

喂，都給我站起來！我們還有很長一段路要走呢！

*科爾特斯：西班牙著名的軍事家、探險家，他深入墨西哥傳播了天主教思想。

就在這時，幾個當地的印第安人出現在附近。

不好了，是印第安人……

大家別輕舉妄動，千萬不能冒犯他們。

嘰里咕嚕！

哈哈……

這些印第安人很快就架起鍋子，開始做起食物來。

老大，他們這是幹什麼啊？難道要煮了我們？

安靜，淡定點！

看看，他們開始放調味料了！

好香啊！

這到底是什麼啊？
也許是毒藥……

我看這羣印第安
人並沒有惡意。

嘩！又苦又辣，
好難喝啊！

慘了！難道
真的有毒！

咦，怎麼回事？我突然覺得全身有用不完的力氣！

難道是這飲料的功效？

太神奇了，這是什麼神仙水？

布嚕布嚕……

原來是豆子的功勞。

17

1528年，科爾特斯將這種飲料帶回西班牙，巧妙地用糖代替了樹汁和辣椒，並獻給了當時的國王。

這東西真是太好喝了！封科爾特斯為爵士！

多謝陛下！

如果把這種飲料做成固體，可以吃一塊拿一塊有多好！

你說得對。

2

1

拉思科

從此，可可豆飲料風靡整個西班牙。後來，一位叫拉思科的商人又有了新主意。

成功了！

拉思科經過反覆試驗，利用濃縮、烘乾等方法，將可可豆加工成固體食物，可以隨時隨地拿出來吃。

太好吃了，這個東西叫什麼名字？

在墨西哥土語裏，可可飲料叫「朱古力托魯」，我們就叫它「朱古力特」吧！

朱古力特萬歲！

一定能風靡世界！

我也好想吃……

這就是最初的朱古力。後來，拉思科也因為他的發明而發了大財。

由於西班牙人對朱古力配方保密，直到 200 多年後的 1763 年，英國商人才得到配方，將其引進英國，並加入牛奶，製成了第二代朱古力。1828 年，荷蘭科學家范·豪頓發明了可可豆脫脂技術，使得朱古力爽滑細膩，口感極佳。我們現在常見的就是這種第三代朱古力。

腓尼基人製造的「寶石」
——玻璃的由來　（3,000多年前，地中海東岸地區）

- 玻璃是一種透明的固體物質，在我們的日常生活中被廣泛應用。
- 它曾經十分昂貴，價格一度超過了等量的黃金。

3,000多年前，一艘腓尼基人*的商船航行在地中海沿岸的貝魯斯河上，它滿載着晶體礦物——天然蘇打*。

船長，海水退潮，船要擱淺了。

先靠岸休息，等漲潮再走。

這裏好漂亮啊！

*腓尼基人：生活在地中海東岸的古老民族，擅長航海。
*蘇打：化學名稱是碳酸鈉，俗稱純鹼，是一種重要的化工原料。

好的！船長！

大家一定餓壞了吧？我們到岸上生火做飯。

這周圍連個石塊都沒有，怎麼把鍋架起來呢？

我們可以用船上的蘇打塊！

好飽啊！

漲潮了，大家收拾一下，準備登船。

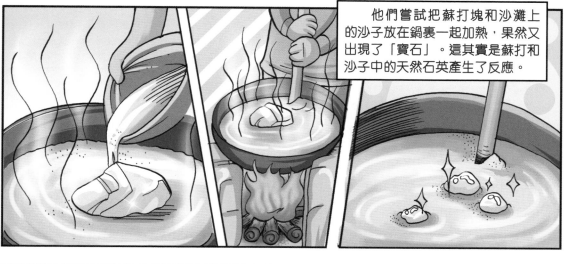

他們嘗試把蘇打塊和沙灘上的沙子放在鍋裏一起加熱，果然又出現了「寶石」。這其實是蘇打和沙子中的天然石英產生了反應。

哈哈！我們造出了寶石啊！

真是漂亮的寶石啊！

後來，腓尼基人把石英砂和天然蘇打混合在一起，用一種特製的爐子加熱熔化，製成了玻璃球，賣到世界各地，他們也因此發了大財。

玻璃具有良好的透視性和透光性，被廣泛應用於建築物中。另外，因為玻璃具有較高的化學穩定性，所以還常用於製造包裝容器，盛裝食品、藥物和其他化學製品。這位船長的細心發現不但讓自己發了財，更為世界科學的發展做出了貢獻。

亞歷山大的消暑之物
——甜筒雪糕的由來

（1904年，美國）

- 雪糕是一種夏天常見的消暑食品。
- 它一般是用乳製品和其他甜品、調味料混合製作而成。

2,300多年前，古代馬其頓王國*國王亞歷山大大帝率軍進攻波斯*。在行軍途中，他們遭遇了高溫天氣，士兵們紛紛中暑，使得部隊的戰鬥力大大降低。

哎呀，熱死了！

頭重腳輕，拿不起武器！

*馬其頓王國：古希臘的一個強大帝國。
*波斯：位於現在的伊朗，曾是橫跨三大洲的帝國。

陛下，現在天氣這麼炎熱，士兵們都中暑了，士氣很低落呀！

啊，真是傷腦筋。

那山頂……

不如你們去那裏的高山上弄些冰雪來解暑，怎麼樣？

是！

大家可以用斗篷蓋住雪，這樣雪就會融化得慢一些。

雪來了！

夏天吃這個真是太涼爽了。

後來，人們又在冰雪中加入蜂蜜、牛奶等各種配料，製作出各種口味的雪糕。

來人，給我來個蜂蜜加榴槤再加大蒜口味的。

這個……沒有！

賣雪糕了！

賣波斯卷餅了！

至於後來熱銷世界的甜筒雪糕，則是在1904年的美國聖路易斯世界博覽會上，由一個叫漢威的人發明出來的。

我只剩下最後一個碟子裝雪糕了！

漢威！

出什麼事了？

漢威賣的是卷餅，隔壁在賣雪糕。

我有很多雪糕還沒賣掉，但碟子都用光了，怎麼辦？

讓我幫你想想。

有了，我們可以合作，用我的卷餅裝你的雪糕，這樣卷餅和雪糕都能賣出去了。

嘩，這種雪糕可以連卷餅一起食，真特別啊！

真好吃！

由於漢威的大膽想像，甜筒雪糕就此誕生了。不久，它便風靡了全世界。

關於雪糕起源的說法很多。據說在中國唐朝，就有人在冬天存冰，夏天取用。元朝時，旅行家馬可‧孛羅在他的《馬可‧孛羅游記》中記載，他將一種用雪加上水果、牛奶的冷凍食品配方從中國帶回了意大利，使歐洲的冷凍食品有了新的突破。而現在製作雪糕最有名氣的國家就要數意大利和美國了。

人心果樹膠
——香口膠的由來 （1869年，美國）

- 香口膠是以糖膠樹膠為原料，加入糖、調味劑等製成的一種糖果。

1836年，墨西哥的一位將軍在戰爭中被俘。

被俘不要緊，這樣的人生才算圓滿！

他被釋放後，帶着一種曬乾了的人心果（外形長得像人的心臟）樹膠來到美國，找到商人亞當斯。

亞當斯，這是曬乾後的人心果樹膠，很有韌性，有很大的開發潛力。

現在橡膠市場很火爆，如果能用它來代替橡膠，我們就發大財了。

好像滿不錯的，不過你先要讓我看看它的用途。

你看……

亞當斯的兒子

嘩，原來這個東西可以吃。

不是吃，是咀嚼，人心果樹生長在墨西哥叢林裏，當地的印第安人就經常拿這種樹膠嚼着玩。

這可是美國沒有的東西，我們一定能賺大錢。

要不你也來試試？

嗯！

嘩，好有韌性，嚼着真有趣！

可惜，人心果樹膠代替橡膠的實驗失敗了，將軍也跟着失蹤了。

失敗了……

站住，你這個大騙子！

拜拜！

我該怎麼處置這堆沒用的樹膠呢？

亞當斯為如何處理人心果樹膠感到相當頭痛。有一天，他偶然來到了一家藥店。

藥

老闆，給我拿一塊石蠟。

當時，石蠟是被人們用來嚼着玩的東西。

31

慢走，歡迎下次光臨。

石蠟可以咀嚼，人心果樹膠也能咀嚼，而且我兒子還很喜歡，如果用樹膠來代替石蠟……

老闆，我有一種新產品，保證比石蠟更受歡迎，你有興趣嗎？

嗯，是圓球狀嗎？這樣孩子們會很喜歡！

我馬上就去加工！

還沒加工出來，就敢說要供貨給我……

於是，亞當斯和他的兒子開始在家裏對人心果樹膠進行加工。

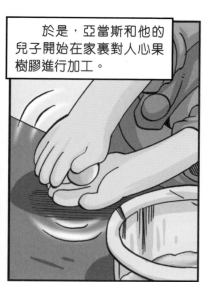

我們成功啦！

亞當斯把這些圓球送到藥店，一兩天後……

一元一塊！

不要搶！

亞當斯，你趕快生產多一點吧，這些樹膠球供不應求了！

好！

之後，亞當斯開始建工廠，買設備，批量生產。

33

亞當斯，你太有眼光了，這真是一條賺大錢的門路啊！

呵呵，我不過是好運而已。

香口膠雖然有甜味，很耐嚼，但不宜多吃。尤其是小朋友，一天內咀嚼香口膠的次數不要超過四次，每一次咀嚼的時間也不能太長。有的小朋友整天把香口膠含在嘴裏，這樣時間長了，會造成睡眠不好和磨牙等問題。

最古老的糖果

　　香口膠的主要原料是天然的樹膠或者樹脂，它可能是世界上最古老的糖果。很久以前，人們就開始咀嚼這些帶有甜味的樹膠樹脂，這就是原始的「香口膠」。

　　現在的香口膠一般分為三類：板式香口膠、泡泡糖和糖衣香口膠。

片狀香口膠

　　片狀香口膠是香口膠中的主要產品，也是十分暢銷的產品。

瑪雅人愛咀嚼帶有甜味的糖膠樹膠。

泡泡糖

　　泡泡糖的特點是可以通過口腔呼氣把糖體吹成泡泡，泡泡糖中的樹膠脂可以加強皮膜強度。

印第安人有咀嚼樹皮、吸吮樹汁的傳統。

香口珠

　　香口珠表面的糖衣又脆又甜，還能讓香口珠更漂亮。

古希臘人用樹脂清潔牙齒，確保口腔清潔。

神奇工廠

我們吃的香口膠是怎麼來的？

1. 一大塊一大塊的樹膠（天然的或者人造的）被工人敲打成小碎塊，在溫暖乾燥的室內放上一兩天。

3. 把材料不斷攪拌和揉搓幾個小時令它們融合。

2. 把樹膠放進一個鍋裏加熱，過濾去掉中的蟲子、樹皮等雜質，然後加入糖、色素和各種調味料。

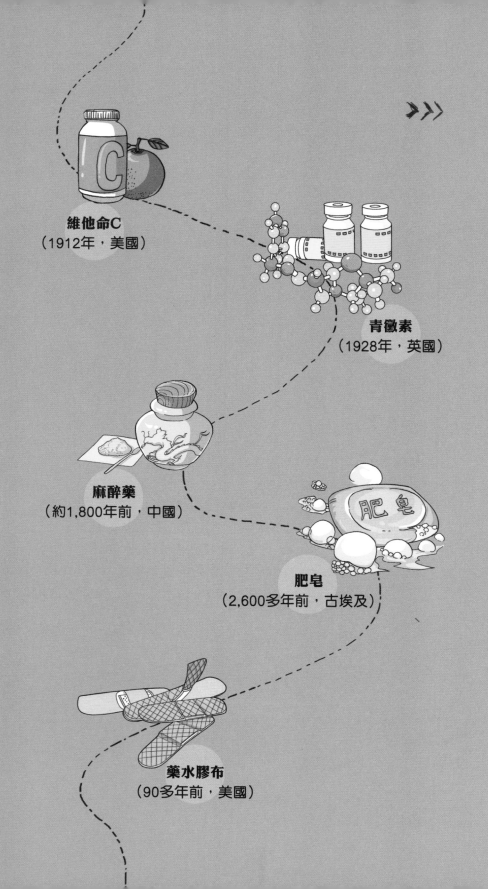

維他命C
（1912年，美國）

青黴素
（1928年，英國）

麻醉藥
（約1,800年前，中國）

肥皂
（2,600多年前，古埃及）

藥水膠布
（90多年前，美國）

醫療衛生中的
重要發明

　　在現代社會，人們已經越來越長壽，因為我們掌握了眾多先進的醫療方法。而隨着科技的進步，我們也懂得使用更多工具來保持清潔乾淨。下面就來了解一下這些捍衛我們健康的發明都是怎麼創造出來的吧！

航海家的發現
——維他命 C 的由來 （1912年，美國）

- 維他命存在於自然食物中。
- 它是維持身體生長與生命活動所必需的一種營養。
- 它不能為身體供給能量，但是身體的能量轉換和代謝調節卻需要它。

壞血病*在18世紀以前被視為不治之症，它無情地折磨着那些遠航的探險家，導致許多人痛苦地死去。

一艘遠航的商船上。

當年航海家達・伽馬船隊的160多名船員中，有100多人死於壞血病。

麥哲倫200多人的船隊中，只有35人活了下來。

哈哈，這種病絕對不會發生在我的船上！

船長，不好了！

什麼事？

*壞血病：因其症狀是牙齦、皮下組織及肌肉會出現嚴重出血而得名。

不要再說這種喪氣話了！

這些船員被當地人發現，給他們飲用了一種用樹葉泡的茶水。

……

這難喝的東西真的有用嗎？

現在情況危急，我們只能試試看了。

幾天後，船員們奇跡般地康復了。

許多年後，人們才發現這種樹的葉子每100克含有50毫克的維他命C。

100克 → Vc 50毫克

這些樹葉裏面到底蘊藏了什麼秘密？竟然能治療壞血病！

沒想到樹葉茶這麼有用！

我們完全沒事了！

船長，這個經常私自帶橙子上船的船員，似乎從來沒有生病過。

嘿嘿，我就是喜歡吃水果。

船長，據我觀察，要預防壞血病似乎可以從我們的飲食上着手。

什麼意思？

我們在海上長期吃黑麵包和鹹魚，很難吃到新鮮的水果和蔬菜，我想這個應該跟壞血病有關。

有道理！

我決定，靠岸以後要購買大量蔬菜和水果！

你們怎麼買了這麼多？

船長，我們忘了買麵包……

快開船了，還不趕快去買！

44

直到1912年，美國科學家——卡西米爾·芬克發現了維他命，人類才確定壞血病是因為缺乏維他命C而引起的。

以後多吃水果和蔬菜補充維他命C，我們就可以預防壞血病了。

人類又前進了一大步。

維他命C

維他命 C 是人體內不可或缺的營養成分，但是為什麼一些肉食動物，如老虎、獅子等，牠們即使從來不吃水果和蔬菜，也不會像人類一樣得壞血病呢？這是因為牠們體內的細胞以及來自其消化道內寄生的細菌，還有它們皮毛上的膽固醇在經過日曬後，都會產生維他命。

神奇工廠

食物中的維他命

　　維他命是維持人類新陳代謝其中一種必需的營養，一旦缺少了某些必需的維他命和微量元素，人體就會出現各種疾病。為了保持身體健康，我們可以通過均衡的飲食來改善。很多水果和蔬菜都含有人體所需的各種維他命，讓我們一起來看看吧！

📢 保護眼睛的維他命A

　　維他命 A 是視網膜內感光色素的組成成分。如果人體缺乏維他命 A，就會患上夜盲症，也可能出現視覺模糊，還容易患上皮膚乾燥症等。

富含維他命 A：
動物肝臟、
紅蘿蔔等

富含維他命 K：
菠菜、芹菜等

富含維他命 E：
奇異果、植物
油、葵花子

富含維他命 D：
芝士、魚肝油等

📢 增強免疫力的 維他命C

　　維他命 C 和血管強度有很大的關係。如果人體缺少維他命 C，牙齦、黏膜等部位就容易出血，嚴重者還會患上壞血病。

富含維他命 C：
橙、檸檬、
奇異果等

富含維他命
B12：
魚類、乳製品
等

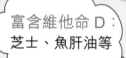

📣 促進活力的維他命B1

維他命 B1 的主要生理功能是作為輔酶促進代謝。人體如果缺少維他命 B1，就會出現食慾不振、四肢無力、眼酸等症狀。

富含維他命 B1：
瘦豬肉、大豆等

富含維他命 B2：
大豆、小米、動物肝臟等

富含維他命 B3：
肉類、花生

富含維他命 B5：
動物肝臟、綠葉蔬菜等

富含維他命 B6：
香蕉、穀類等

富含維他命 B9：
燕麥、花生、大豆等

📣 補充鈣質的維他命D

維他命 D 對促進骨骼的生長起着重要作用。如果缺乏維他命 D，就會導致骨頭和關節疼痛、肌肉萎縮甚至骨折，兒童則容易患佝僂病。

葡萄球菌的剋星
——青黴素的由來 （1928年，英國）

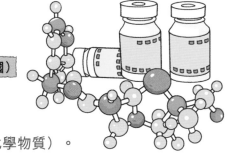

- 青黴素是一種藥物，又叫盤尼西林。
- 它是世界上第一種抗生素（即能殺死細菌的化學物質）。

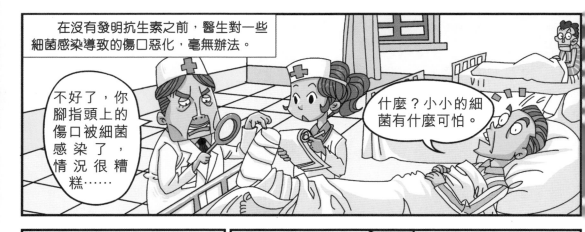

在沒有發明抗生素之前，醫生對一些細菌感染導致的傷口惡化，毫無辦法。

不好了，你腳指頭上的傷口被細菌感染了，情況很糟糕……

什麼？小小的細菌有什麼可怕。

千萬別小看這些細菌，很多都能致命。

啊？有什麼藥可醫嗎？

沒有，至今還沒有人研究出什麼藥物能對付這些細菌。

那……我還有救嗎？

有，截肢！

……

啊！

如果有誰能研究出對付這些細菌的特效藥，那對醫學、對人類都會是巨大的貢獻。為此，很多科研人員投入了無數心血，可惜一直未能成功。

唉，想不到這些小小的細菌竟然如此難以對付。

難道就拿這些小東西一點辦法都沒有嗎？

英國的細菌學家弗萊明也為此研究了20多年。

可惡啊！又失敗了！難道真的沒有辦法對付這些細菌嗎？還是我太笨了？

49

直到1928年夏天，弗萊明外出度假三周後回到了實驗室，神奇的事情發生了……

讓我暫時忘掉煩惱吧！

度假歸來該看看我培養的細菌怎麼樣了。

嘿嘿，教授，有我在你還不放心嗎？

喂！這是什麼回事？

怎……怎麼啦？

為什麼黃色的葡萄球菌裏會有一塊青色的東西？你需要給我一個解釋！

哎呀，這個蓋子沒有蓋好，青色的霉菌跑進去了。我馬上就去倒掉！

等一下！你看，青色霉菌的周圍有一團空白，那些葡萄球菌竟然消失了！

什麼？我怎麼看不到？

難道是青色霉菌把周圍的葡萄球菌殺死了？快，拿顯微鏡來！

是！

哈哈哈，果然是這樣！青色霉菌周圍的葡萄球菌全死掉了！

來，把這些青色霉菌用培養皿培養起來。

好的！

幾天後……

教授，這些青色霉菌繁殖得夠多了！

把這根黏滿葡萄球菌的線放進去。

嘩！線上的葡萄球菌全部死光了！

數小時後……

看來我的判斷沒錯，我們再試驗幾種其他的有害細菌。

教授，傷寒菌和大腸杆菌在這種青色霉菌中還可以繼續繁殖。

看來這種霉菌分泌的東西並不能殺死所有有害的細菌，不過也是大發現了。

青黴素之所以既能殺死細菌，又不損害人體細胞，原因在於青黴素所含的青霉烷能破壞細菌細胞壁，導致細菌溶解死亡，而人和動物的細胞結構與細菌不同，所以不會受到傷害。

就是這樣一次偶然的機會，讓弗萊明發現了能夠殺死有害細菌的物質，他把這種物質稱為「青黴素」。

弗萊明，你真了不起，居然能發現青黴素。

這完完全全是個意外。

不過，由於青黴素不能大量生產，一直沒能夠廣泛使用。

青黴素沒辦法提煉。如果直接用培養液，需要的量又非常多，怎麼辦呀？

唉，我也沒有什麼好辦法。

後來，弗萊明將菌種提供給了英國病理學家弗洛里和生物學家柴恩，他們終於解決了這個難題……

嘩，這種冷凍乾燥法真有用，提煉的青黴素晶體都是高純度的。

是啊！

純度已經夠了，但如何獲得大量用於提煉的霉菌卻是個大問題！

哈哈，我有辦法！

嗯？

我已經在一種甜瓜上發現了可供大量提取青黴素的霉菌，並用玉米粉調製出相應的培養液。

嗯，聽起來味道不錯呀！

到了1943年，青黴素已經開始批量生產，用於臨淋。當時正值二戰時期，由於青黴素對治療傷口感染非常有效，因此挽救了無數生命。

1945年，了不起的弗萊明、弗洛里和柴恩因「發現青黴素及其療效」共同榮獲了諾貝爾生理學或醫學獎。

在科學史上有兩個極為有名的關於「偶然」的故事。其一是蘋果掉在牛頓的頭上，然後牛頓發現了萬有引力定律。另一個則是青黴素被發現的故事。兩個故事都印證了科學發現中一個很經典的定律：機會總是留給有準備的人。弗萊明發現青黴素是一個偶然，但正是他在這方面的不懈研究和探索才成就了這個偶然。

讓病人沒有痛苦的手術藥
——麻醉藥的由來 （約1,800年前，中國）

- 麻醉藥能使人體整體或局部暫時失去知覺及痛覺。
- 麻醉藥能緩解治療時的痛苦，是病人的一大福音。

大夫，快救救他！
他的肋骨跌斷了！

按住他，我要
給他動手術！

按住？

對，這手術會很痛，
我擔心傷者
會掙扎。

咦？

怎麼整個過
程他一點反
應都沒有，
難道是痛暈
了？

過了一會兒，手
術順利地結束了。

原來是喝醉了！

如果能有一種讓人像喝醉酒一樣馬上睡着的藥就好了。

這個不行。

經過一次次的試驗、改進，華佗終於製成了一種以酒服用的中藥——麻沸散。

這個味道不錯。

看來……

我成功了……

我死了嗎？

你只是做了一場夢！

華佗大夫在你睡着時候，給你做了手術。

大夫，你是我的救命恩人呐！

哈哈，這多虧了麻沸散。

華佗的名氣越來越大，傳到了曹操的耳朵裏。當時，曹操有頭痛的毛病，就請華佗來醫治。

先生果然是神醫，一針下來我的頭就不痛了！

丞相，你的頭痛病想要根治，就必須打開頭顱做手術。

啊？在頭上打洞？

大膽！你是不是想殺了我？

我是説……

你以後就長期留在我身邊，專為我醫治頭痛！

但是……

但是華佗一心想着百姓，就借故回鄉，並一去不歸。

可惡的華佗，竟敢欺騙我！來人，給我把華佗抓來殺了！

啊？真要殺掉他嗎？

這種無信之人還留着嗎？

是！

華佗死後，麻沸散也就此失傳。後來曹操的愛子曹沖病危，也無人能夠醫治。

我真不該殺華佗啊！

直到1846年，醫學界才開始採用乙醚*對病人進行麻醉手術。

這個乙醚有麻醉的功效嗎？

沒錯，看來有！

　　華佗是中國古代著名的神醫，相傳正是他把麻沸散運用於醫學，才提高了外科手術的技術和療效。其實，我們在學習工作中，總會因為小發現而有大收獲。就像故事中的華佗，如果他沒有注意到病人因為喝醉了而感覺不到疼痛的話，恐怕也就不會發明麻沸散了。

*乙醚：一種無色但有特殊氣味的液體，少量可用於麻醉，劑量過大則可能使人中毒。

沾了油的草木灰
——肥皂的由來 (2,600多年前，古埃及)

- 肥皂是我們生活中一種不可缺少的洗滌用品。
- 它易溶於水，有潤滑、去污的功效。
- 它的發明可以追溯到古埃及。

相傳，在公元前7世紀，古埃及皇宮的廚房中，兩位廚師正在準備法老的食物……

讓你看看，高手是怎麼做飯的。

小心！

你看！把油罐打翻了吧！

快點收拾乾淨！要是讓法老知道，我們肯定得挨罵了！

然後將這些被油浸透了的草木灰捧到外面。

兩人從灶爐裏掏出一大把草木灰撒在油漬上，讓草木灰將油吸收。

手上沾得又是草木灰又是油的，真噁心。

快去把手洗乾淨來幫我做飯，法老用餐的時間就要到了！

天啊，怎麼會這麼乾淨？

你看我的手！

你的手居然比之前還乾淨！

你親自去試試吧。

難道是因為草木灰沾了油以後能產生去污的效果？

果然如此！真沒想到沾了油的草木灰竟然有這種神效。

以前想洗掉手上的油很麻煩，今後再也不用擔心啦！

你的手怎麼突然變得這麼乾淨了？

稟告陛下，這是因為我無意間發現的一個神奇的去污配方。

神奇的配方？快說給我聽聽！

於是，廚師把浸了油的草木灰拿來給法老試用。

真的好乾淨啊！

你的這個發現很偉大，從今天起你就是廚師長了！

謝謝法老。

從此以後，我們也可以有一雙潔白的手了！

現代的肥皂是用化學油脂和添加劑製造的，不過它的原理依然和最初被發明時是一致的。這兩個人從一次失誤中得到靈感，卻成就了一項造福全人類的偉大發明。

肥皂的生產過程

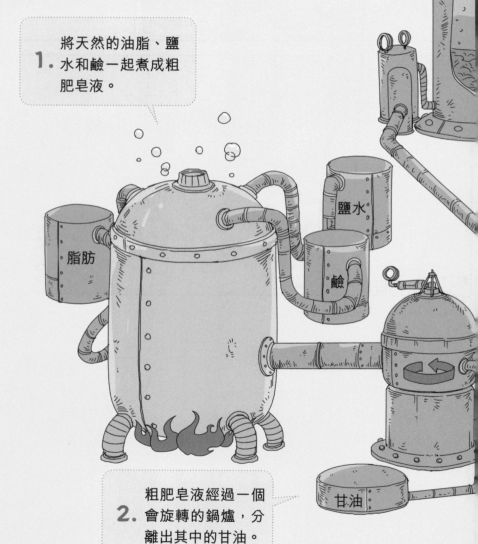

3. 將分離過的液體沉澱，去除底部的雜質。

1. 將天然的油脂、鹽水和鹼一起煮成粗肥皂液。

脂肪

鹽水

鹼

甘油

2. 粗肥皂液經過一個會旋轉的鍋爐，分離出其中的甘油。

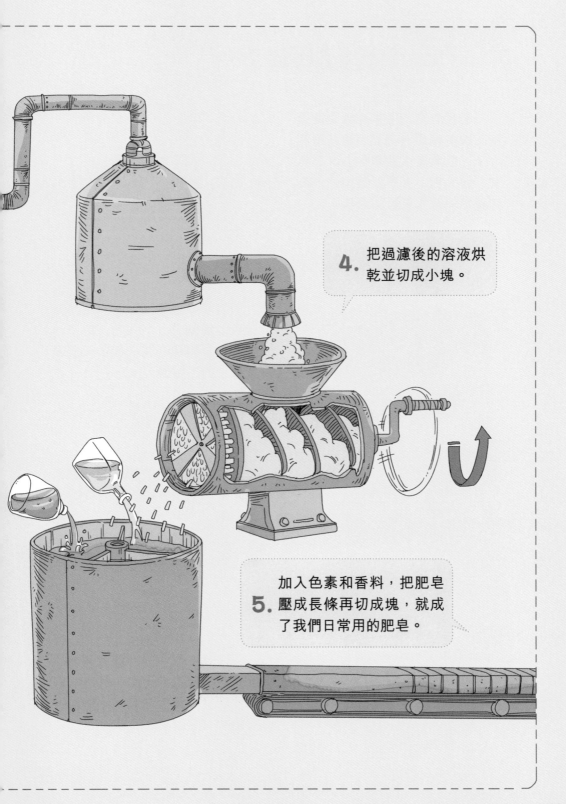

4. 把過濾後的溶液烘乾並切成小塊。

5. 加入色素和香料，把肥皂壓成長條再切成塊，就成了我們日常用的肥皂。

肥皂是怎样去污的？

📢 普通肥皂的主要成分是高級脂肪酸的鈉鹽和鉀鹽。這些鹽的分子，既具有「親水性」，又具有「親油性」，所以這些分子能夠輕鬆地進入水裏和油裏。

📢 當肥皂遇到油污時，肥皂分子中的親油部分同油污「抱成一團」，互相融合在一起，形成很多微小的「膠團」。

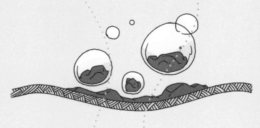

📢 油污等物質被肥皂分子和水包圍後，它們與衣服纖維間的附着力減小，變得容易脫落。而肥皂液在這個過程中會進入一些空氣，生成大量泡沫。

📢 於是衣服中的污漬就像被拉進了一個個泡泡小船，經過水的沖洗就從衣服上分離了。所以，我們的衣服就被洗乾淨啦！

可以隨時包紮傷口的繃帶
——藥水膠布的由來 （90多年前，美國）

- 藥水膠布是一種非常好的創傷應急治療用品。
- 它由一條膠帶和一塊浸過藥物的紗布或棉布組成。
- 它可以有效阻止傷口與外界接觸，從而避免感染。

藥水膠布是美國人迪克森發明的，當時他在一家醫用繃帶廠工作。

下班，回家，吃飯，睡覺！

啊！

迪克森娶了一個非常漂亮，但廚藝不精的妻子。

又切到手了。

好燙好燙！真是太倒霉啦！

怎麼了，親愛的？

沒、沒什麼。剛剛不小心切傷了手指，又不小心燙傷了手掌。

快，我給你包紮一下，以免感染。

妻子一再弄傷自己，讓迪克森十分頭疼。

我是不是太笨了？一周內第四次弄傷自己了。

萬事起頭難。

但是，如果哪天你湊巧不在家怎麼辦？

是呀，誰來給你包紮傷口呢？要是有一種能自己包紮的繃帶就好了。

於是，迪克森決定發明一種方便包紮的繃帶。

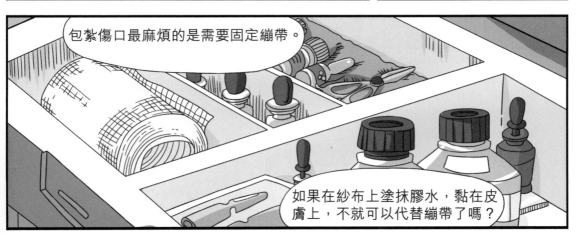

包紮傷口最麻煩的是需要固定繃帶。

如果在紗布上塗抹膠水，黏在皮膚上，不就可以代替繃帶了嗎？

可是……

膠水變乾就會變成這樣，我要找一種防乾保濕的紗布蓋在黏膠上才行。

親愛的，你怎麼把繃帶變成抹布了？

很長一段時間迪克森都在研究這種方便繃帶，他不斷嘗試材料，想讓這種繃帶簡單又耐用。

最後，迪克森採用了一種粗硬的紗布，試驗終於成功了。

嘿，有了這個真方便，以後再也不用擔心手被切傷了！

不過，你的廚藝還要提高啊！

後來，迪克森把自己的發明帶到了公司，它被命名為Band-Aid，這就是最早的藥水膠布。

既然這種東西是一種急救繃帶，我們干脆就叫它Band-Aid吧。

好，這個名字起得好。

藥水膠布的製作工序

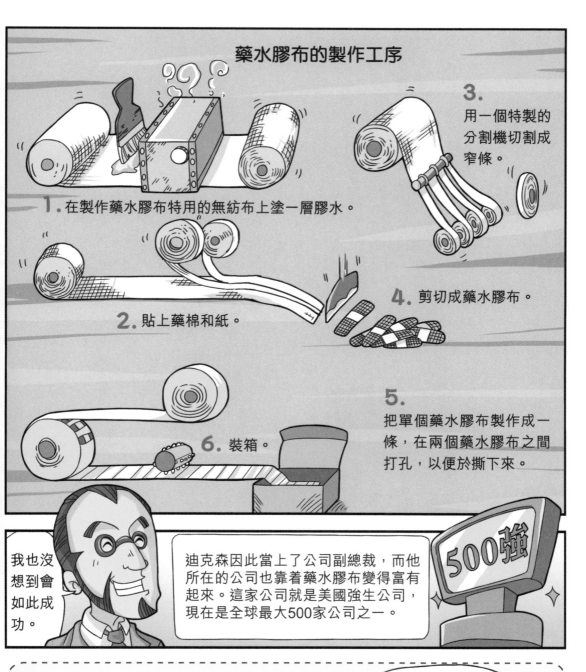

1. 在製作藥水膠布特用的無紡布上塗一層膠水。

2. 貼上藥棉和紙。

3. 用一個特製的分割機切割成窄條。

4. 剪切成藥水膠布。

5. 把單個藥水膠布製作成一條,在兩個藥水膠布之間打孔,以便於撕下來。

6. 裝箱。

我也沒想到會如此成功。

迪克森因此當上了公司副總裁,而他所在的公司也靠着藥水膠布變得富有起來。這家公司就是美國強生公司,現在是全球最大500家公司之一。

500強

藥水膠布使用很方便,可以止血、保護傷口,但每次使用的時間不能太長。藥水膠布最外層的膠帶不透氣,長時間使用會使傷口周圍皮膚發白變軟,容易導致細菌感染,使傷口惡化。所以,每次貼藥水膠布最好不要超過 24 小時。

藥水膠布很好用,小傷口貼一貼很快就好,方便又有效。

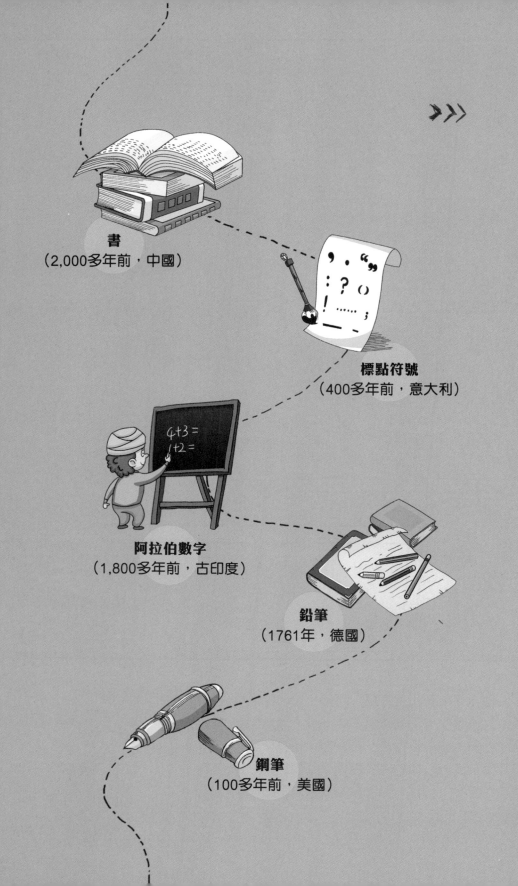

書
（2,000多年前，中國）

標點符號
（400多年前，意大利）

阿拉伯數字
（1,800多年前，古印度）

鉛筆
（1761年，德國）

鋼筆
（100多年前，美國）

文化傳播中的
有趣創造

　　文化知識是人類最偉大的創造，為了能夠讓知識得以記錄並流傳下來，人們絞盡腦汁想出了各式各樣的主意。你在閱讀這本書時，有想過標點符號和數字是怎麼來的嗎？答案就在後面的故事中。

從竹簡到電子閱讀器

——書的由來 （2,000多年前，中國）

- 書是人類用來記錄歷史、傳承經驗、教授知識的重要工具。
- 書和文字都是人類文明的重要標誌。

最早的時候，人類還沒有發明文字，只能借助在草繩上打結來記事。

兔子三隻、魚八條、野果十二個……

你說慢一點，我都跟不上了！

後來，人類發明了文字，但是當時還沒有紙張，只能在牆壁或者石頭上進行記錄。

嘩，這個冒險故事寫得真好。

到了3,000多年前的商朝，人們將文字刻在龜甲或獸骨上，這樣的文字被稱為「甲骨文」。但這些甲骨還不能被稱為「書」。

大王，龜是靈獸，只要占卜的內容刻在龜甲上，就能夠得到啟示。

好，快點抓多些烏龜來刻字占卜。

大概在戰國時期，竹簡出現了，即用竹片做的書，它們是用熟牛皮串起來的。

老爺，就剩下最後一卷竹簡啦！

我還有十幾萬字沒寫完，你趕緊帶人去多砍一些竹子做竹簡。

十幾萬字？這得砍多少竹子啊！

不過，竹簡太重，而且不容易保存。有些人想到用絲織的絹來書寫文字。

絹不僅輕軟平滑，而且吸墨，很好用。

更關鍵的是，它比竹簡更輕更方便，還容易保存呢。

就是……真是太貴了。

到了東漢時期，蔡倫改良了造紙術，從此紙張成了人們主要的書寫材料，紙質書也越來越多。

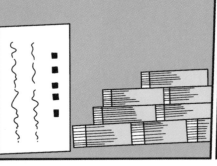

蔡倫，這就是你發明用來寫字的東西？

是的，皇上，這叫作「紙」。

紙？看上去好像不錯的樣子。說說看，它有什麼獨特的地方？

皇上，以前主要在竹簡和絹上寫字。竹簡太重，不易攜帶；絹又太昂貴，普通百姓根本用不起。

微臣改良的這種原料是樹皮、破布、破漁網，不僅容易找，而且十分便宜。

果然是一種非常好的書寫材料。

如果用紙寫書，那就能讓天下百姓都讀到書了！

哈哈，果然不錯，以後就用紙來寫書。

後來，造紙術又傳到了西方，就這樣，紙質書一直流傳至今。

如今，由於數碼技術的快速發展，出現了各種各樣的電子閱讀器。

看到沒有，這全是我的藏書，厲害吧？

哈哈，我這個東西裏面的藏書比你多幾百倍。

書是我們用於記錄的主要工具，也是我們每個人進步的階梯。古往今來，數不清的偉大人物都留下了他們刻苦讀書的故事和格言。讀書多的人不一定知識就多，但知識多的人肯定博覽羣書。對於每個小朋友來說，讀書更要趁早啊！

不斷演變的書寫材料

你知道嗎？除了我們故事中介紹的甲骨、竹簡、絹和紙，還有許多東西曾被作為書寫材料，形成各種各樣的「書」。

古埃及莎草紙書

莎草紙是古埃及人廣泛採用的書寫材料，它是用一種生長在水裏的高大紙莎草的莖製成的。從公元前 3,000 年開始，古埃及人就使用莎草紙，一直到 9 世紀莎草紙才被廉價紙取代。

古巴比倫泥板書

同樣在公元前 3,000 多年，古巴比倫人則用泥板書來記錄文字。人們先用泥製成平面板，然後用削成三角尖的蘆葦稈或木棒，在上面書寫。

古印度貝葉書

在古代印度，有一種叫貝多羅的樹木，它的葉子很大，於是人們就把文字寫在葉子上，然後再將葉子穿在一起。這些用葉子做成的書就叫作「貝葉書」。

中世紀歐洲羊皮紙書

中世紀的歐洲，人們開始用動物的皮來做書寫工具，其中絕大多數是羊皮。人們將這些皮去毛，然後放在石灰水裏處理，做成了「羊皮紙」。

書的製作

唉，抄書賺的錢連燈油費都不夠啊！

最開始的時候，書是非常少的。當時人們還沒有發明印刷術，只能靠人一個字一個字地抄寫。所以，那時有專門的部門和個人做抄寫書的工作。當時，做抄書工作的大多是貧困的讀書人。如果第一個人在抄寫時出現了錯誤，後面再抄寫的人也會跟着出錯。

可惡！第 36 次把字刻錯啦！

到了隋朝，人們發明了雕版印刷術。人們將要印刷的書稿反刻在木板上，就成了雕版。印刷的時候，在雕版凸起的文字上刷上墨，然後把白紙覆蓋在上面，輕輕一壓，字跡就印了在紙上。但是，在製作雕版時只要刻錯一個字，整塊版就毀掉了。而且這些雕版也只能用於印刷一部書，過後就廢棄了。

有了這種活字印刷術，以後書就可以批量生產了。

北宋時期，畢昇發明了活字印刷術。他採用製作印章的方式，用膠泥做出一個一個的字章，將它們稱為膠泥活字。印刷的時候，只要根據書稿的內容，選擇需要的字排成版印刷；印刷完後，可以把每個字章拆下來下次再用。

書的趣聞

現在我們花幾十元就能買到一本書，但在古代，書的價格是非常昂貴的，一般人根本買不起。在北宋年間，一頁紙就要 4 文錢，一本 100 頁的書就需要 400 文錢。而 400 文錢可以買 100 多斤米，足夠一個人吃三四個月了。

在過去的國外，書的價值也非常高。在 18 世紀末的英國，擁有一套《大英百科全書》是身份的象徵，它當時售價接近 200 英鎊，是很多平民四年的收入。

我國自古就崇尚讀書，有很多從書中可以獲得一切需求滿足的比喻。

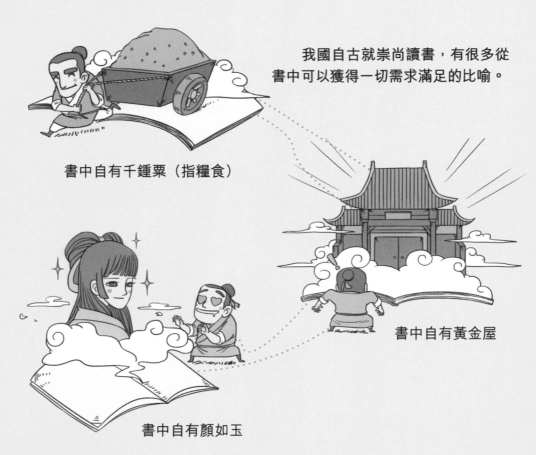

書中自有千鍾粟（指糧食）

書中自有黃金屋

書中自有顏如玉

讓閱讀更方便的小符號
——標點符號的由來 （400多年前，意大利）

- 標點符號是寫文章時用的輔助工具。
- 它用在一段話的中間和結尾，有斷句、停頓和表示語氣的作用。
- 我們現在採用的標點符號源自歐洲。

古時候沒有標點符號，文章讀起來非常吃力，意思還容易被誤解。

知之為知之不知為不知……

停！你是怎麼讀的？亂七八糟的！

老師，我……弟子是按照書上的字讀的呀！

是啊，他一個字都沒讀錯啊！

字雖然沒讀錯，但你該斷句的地方不斷，該連貫的地方又不連，意思全亂了！

可是……可是我不知道哪裏該斷，哪裏該連呀！

的確不能怪他，文章的字是連篇的，不明白文意，讀起來就會亂七八糟。該怎麼解決這個問題呢？

2,000多年前的戰國時期，人們開始使用斷句的符號，但每個人都有個人的寫法，無法統一。

雖然斷句符號很實用，可是各國文字不同，習慣也不同，很難統一啊！

到了漢朝，人們經常交流斷句的方法，並把它稱為「句讀」。

你看這句話意思結束了，就斷長一些。這裏要把詞分開，就斷短一些吧。

哦，原來如此，多謝指點。

宋朝時，人們使用「。」和「，」來表示「句讀」，這樣不僅方便閱讀，而且方便書寫。

皇上，採用這兩種符號，不僅很好地表示了句讀，而且書寫的時候也會很方便。

嗯，今後就讓天下人多多使用這兩個符號。

從此以後，很長一段時間我們一直採用句讀符號。而在400多年前，意大利人馬努提烏斯發明了一套標點符號。

這下意思終於明確了！

後來，馬努提烏斯的標點符號被歐洲的國家普遍採用，逐漸形成一套標準統一的標點符號。

歐洲各個國家的書，我都能看懂一部分。

嘩，你真厲害，你能看懂哪部分啊……

哈哈哈，當然是標點符號那部分！

100多年前，多次出訪歐洲諸國的翻譯張德彝，第一次向中國人介紹了歐洲的標點符號。

這些洋文我們倒是懂一些，但裏面這些奇怪的符號是怎麼回事呀？

那是洋人用來斷句的標點符號。整本書到處都有標點符號，真不好看。

嗯，是啊！不過，好像滿有意思的……呵呵。

張德彝雖然並不認同標點符號，但是無心插柳柳成蔭，使用標點符號的做法很快在中國流行起來。

1920年2月2日，當時的北洋政府頒佈了我國第一套法定新式標點符號——《通令採用新式標點符號文》，並且同年出版了採用新標點的《水滸傳》。

有最新版的《水滸傳》嗎？我要一本。

我也要一本！

我也要一本！

同時，標點符號對白話文的推廣起到了巨大的作用。

口口口口口口口口口口口口口口口口口。口口口口口口口口口口口口口口。口口口口口口口口口口口口口口。

白話文雖然直白，但是字多，讀起來很麻煩。現在有了標點符號，白話文就能順暢地閱讀了！

哈哈，是啊！

標點符號不同於文字，它不能直接表示任何意思，但它卻是書面語言的組成部分，是書面語言必不可缺少的輔助工具。正是因為有了標點符號，我們才能清晰地將文章斷句，才能明白作者的思想感情。

標點符號的爭吵

　　一天，字典公公的家裏發生了一場爭吵。一羣小伙伴吵得面紅耳赤，不可開交。

小問號不服氣地説：「哼，要是沒有我，誰會提出問題，又怎麼能引起讀者的思考？」

小逗號説：「是我把句子斷開，要不然，讀者就得一口氣讀下去，你説累不累？」

小句號説：「只有我才是文章的主角。沒有我做總結，話就得沒完沒了地説。」

感嘆號得意地説：「我表示的感情最強烈！文章裏一定是我最重要！」

省略號不慌不忙：「要不是我表示文中的省略，那語言該多囉唆呀！」

字典公公制止了這場爭吵：「你們都很重要，少了哪一個，文章的意思都不能清楚明瞭，只有團結合作，才能把文章寫好。」

和標點符號有關的趣事

標點符號有多重要，可能你還沒有意識到。一起來看兩個有趣的小故事，你肯定對標點符號有新的認識。

📢 留？還是不留？

相傳，古時候有個叫徐文長的人到朋友家做客，剛遇上下雨天，主人寫了一張紙條跟他開玩笑，上面寫的是「下雨天留客天留我不留」。結果，他故意讀成：「下雨天，留客天，留我不？留！」這樣他就能理直氣壯地繼續待在朋友家。

其實，這一句話可以有七種理解：

「下雨天留客，天留我不留。」

「下雨天留客，天留我？不留！」

「下雨天留客，天留我不？留！」

「下雨，天留客，天留我不留。」

「下雨天，留客天，留我？不留！」

「下雨天，留客天，留我不？留！」

「下雨天，留客天，留我不留？」

📢 標點巧斷意

傳說有一個才子，為農人家寫新年吉語：今年好霉氣全無財帛進門養豬個個大老鼠個個瘟做酒缸缸好做醋滴滴酸。

有人讀：「今年好霉氣，全無財帛進門；養豬個個大老鼠，個個瘟；做酒缸缸好做醋，滴滴酸。」

農人很生氣。才子用筆加上標點變成了：「今年好，霉氣全無，財帛進門；養豬個個大，老鼠個個瘟；做酒缸缸好，做醋滴滴酸。」

被誤叫千年的數字
——阿拉伯數字的由來

（1,800多年前，古印度）

- 阿拉伯數字是現在國際通用的數學符號。
- 創造阿拉伯數字的卻不是阿拉伯人。

遠古時期，人們沒有「數」的概念，只知道「有」和「沒有」，「多」和「少」。

你的石頭比我多啊！

後來在打獵、採摘時，人們開始用手指來計數。

喂，我手指不夠，借你的用用。

手指頭不夠，不會用腳指頭啊！

由於獵物越來越多，人們又改用石頭、豆子、結繩計數。

一粒石頭一條魚，兩粒石頭兩條魚……

之後，人們在生產勞動中摸索出用刻畫符號來計數的方法。

嘩！首領怎麼刻這麼多？

沒辦法，誰讓今年大豐收呢！

你畫的是一線對一物？

有什麼問題嗎？

那你要畫多少條直線啊！

不如用這個符號代表10。

這樣方便多了，哈哈！

謝謝首領！

拿着，我宣佈，你現在就是部落的數字官！

人們學會用符號代表10或20，這樣就不用再畫那麼多直線了。

當時，在世界各地出現了許多不同的數字符號，但是沒有「0」，計數依舊很麻煩。

1 2 3 4

印度人——印度數字（就是現在的阿拉伯數字）

阿拉伯人——阿拉伯人的數字

o oo ooo

瑪雅人——瑪雅數字

I II III IV

羅馬人——羅馬數字

1.
1,800多年前，古印度科學家巴格達發明了阿拉伯數字。

真能吹牛。

這10個符號將成為未來計數的基礎。

2.
後來經過幾百年的不斷改進，又出現了非常重要的數字——「0」。

計算時，這個「0」非常關鍵。

阿拉伯人很快就發現印度數字比他們的先進得多。

1+9=10
1+19=20

這套數字真是方便。

由於印度數字簡單方便，所以阿拉伯人很快便使用起來，並把它傳到了歐洲。

你們的阿拉伯數字，非常好。

嘿嘿，是啊！

就這樣，阿拉伯人將這種數字傳遍了世界，印度數字不知不覺變成了「阿拉伯數字」。

　　13 到 14 世紀，阿拉伯數字傳入中國。由於當時的中國有一種叫「算籌」的計數工具，計算起來也很方便，所以阿拉伯數字沒有得到推廣。到了 20 世紀初，由於與其他國家在數學上的交流增多，阿拉伯數字開始被逐漸接受。其實，阿拉伯數字在中國大範圍的推廣使用僅有 100 多年而已。

能寫字的石墨

——鉛筆的由來 （1761年，德國）

- 鉛筆是一種用來書寫以及繪畫的文具。
- 鉛筆由石墨和木製筆桿構成，石墨起着書寫的作用。

鉛筆中不含鉛，但為什麼叫「鉛筆」呢？這要從古希臘時期說起，因為金屬鉛刻畫後會留下黑色的痕跡，所以當時被用作書寫工具。

畫好後，我們就可以來雕刻了！

1564年，人們在英國的巴羅代爾發現了一種黑色礦物——石墨。

這黑糊糊的東西像石頭，從沒見過！

嘩！輕輕就能畫出一條線。

我們也許發現了一種新礦物！

後來，當地的牧羊人常用石墨在羊身上畫記號。

用它給羊做記號，以後就不怕走失啦。

受此啟發，人們又將石墨塊切成小條，用於寫字、繪畫。

老師，這是什麼啊？

它可以像鉛一樣書寫，但又不是鉛……可以叫它黑鉛！

當時的人們並不認識石墨，就稱石墨為「黑鉛」。

哈哈，因為是我起的名字。

你們聽說過嗎？

黑鉛？第一次聽說。

不久，英王喬治二世將巴羅代爾石墨礦收歸皇室所有，把它定為皇家的專屬品。

陛下，你的意思是……

這麼稀有的物品，怎麼能流落民間？

把那礦收歸皇家所有！

是！

但是石墨質地很軟，容易折斷。

怎麼稍微用點力就斷掉啦？

這裏還有。

握着它，到處都擦上了黑色！

直到1761年，德國化學家法伯爾想到了處理這種石墨的辦法。

1. 用水沖洗石墨，然後研磨成粉末並去掉雜質。

2. 在乾淨的石墨粉中混入硫黃、銻、松香等物質，加熱凝固。

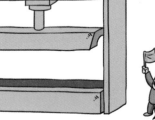

3. 把這種混合物壓成圓柱形，就製成了當時的鉛筆。

法伯爾發明的這種鉛筆，其實就相當於我們今天所用的鉛筆芯。

不錯啊！

現在的硬度非常適合寫字。

在之後一段很長的時間裏，世界上仍然只有英、德兩國能夠生產這種筆，後來他們限制了對法國的出口。

有這事？

英、德兩國切斷了對我們法國的鉛筆供應。

我們就自己造。

去把化學家孔德找來，讓他來造筆。

是！

我們法國的石墨礦質量差、儲量少，可以怎麼辦？

可不可以在裏面加些材料，改造一下？

孔德

對！這樣可以增加產量，還可以讓石墨更堅硬。

1.

孔德在石墨中混入黏土，放入窯裏燒，製成了當時世界上最好寫又耐用的鉛筆芯。

2.

在石墨中混入的黏土比例不同，生產出的鉛筆芯的硬度也就不同，顏色深淺也不同。鉛筆上標有的H（硬性鉛筆）、B（軟性鉛筆）、HB（軟硬適中的鉛筆）就是用來區分不同硬度的標誌。

H　　　　　HB　　　　　B

我們法國也有自己的鉛筆了，而且品種多樣！

1812年，美國一名叫威廉的木匠發明了鉛筆桿，於是鉛筆變成了現在的樣子。

威廉，你給鉛筆設計了「外套」，鉛筆變得漂亮啦！

這樣也不會把手弄髒了！

鉛筆桿能保護筆芯不會輕易被跌斷。

可是筆芯被木頭包着，怎麼寫字呀？

只要用刀子削一下，像這樣……

看，用一點削一點。

原來是這樣。

後來，人們又發明了鉛筆蓋，令鉛筆不單更安全，而且便於隨身攜帶。

有蓋鉛筆。

這是什麼？

如今，鉛筆已經被人們廣泛使用，尤其適合學習寫字的孩子和繪畫的人。

我用鉛筆是因為經常寫錯，用橡皮擦掉可以重寫。你也經常寫錯呀？

因為畫畫常要修改。

鉛筆使用起來非常方便，寫錯了也可以修改，只需要用橡皮輕輕一擦就可以清除乾淨。所以，鉛筆和橡皮很多時候是搭配使用的。後來，美國的一位發明家在普通鉛筆的一端裝了一小塊橡皮。寫錯的時候，可以把鉛筆翻轉過來，用另一端的橡皮擦掉。這是一個非常簡單的發明，但帶給人們更多的便利。

我們用的鉛筆是怎麼做成的？

1. 將石墨磨成石墨粉，與黏土、水和其他化學材料混合均勻，做成黏稠的膏狀物。

2. 用專門的模具將石墨膏壓成細細的石墨條，等它乾燥定型後，就是鉛筆芯了。

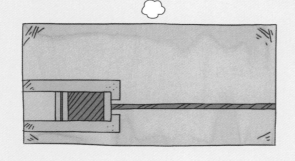

6. 最後，塗漆上色，鉛筆就完成了。

能儲存墨水的筆

——鋼筆的由來 （100多年前，美國）

• 鋼筆是一種主要採用金屬製作筆身的書寫工具。

19世紀的美國，有一位叫華特曼的保險從業員。有一天，他辛苦半天爭取到一位客人。

你的選擇非常明智！

華特曼

合作愉快。

請在這裏簽個字。

好的。

也好！

你居然搶我的功勞！

誰叫你的筆不爭氣，我可是以客戶為先。

要是有能控制墨水量的筆就好了。

幾天後，華特曼在公園散步。

一片落下的樹葉給了他啟發。

植物可以通過毛細管作用不斷輸送汁液，筆難道就不行嗎？

利用相同的原理，我就可以做出不斷給筆尖輸送墨水的筆！

馬上回去實驗！

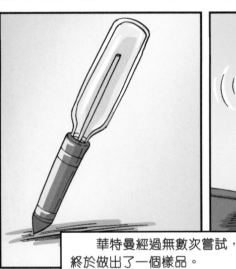

華特曼經過無數次嘗試，終於做出了一個樣品。

吸～

哈哈，不但不會漏墨，我設計的筆尖還可以控制出墨，太完美了！

他馬上就帶着這支筆去談生意。

我們簽合約吧！

好啊！

這是什麼筆？居然不用沾墨水也能寫字。

這是我個人的小發明，是會「自控」的蓄水筆。

真是好東西，你幫我也做一個，我給你介紹客戶！

哈哈，沒問題！

發明了現代鋼筆的華特曼最終名成利就，成立了一家鋼筆公司，成了一位成功的商人，這恐怕是他在簽合約失敗的時候怎麼也想不到的。其實，我們每個人的人生都會經歷很多挫折，當我們身處逆境的時候，一蹶不振是最不明智的做法。只要我們努力改正錯誤，彌補曾經的過失，就一定能夠迎來成功。

鋼筆的發展史

鋼筆是一種硬筆，起源於歐美國家。鋼筆的發明是歐洲歷代書寫工具演變的結果。

> 可惡！一篇演講稿居然寫壞這麼多支筆。

羽毛筆

在歐洲，從中世紀開始，一直到 19 世紀，羽毛筆作為書寫工具被使用了 1,000 多年。羽毛筆選用鵝、火雞、烏鴉或者老鷹身上最大的羽毛，然後把羽毛根部削成斜筆尖。這種筆筆尖磨損很快，非常麻煩。

> 老爺，你寫一頁字，要沾 200 次墨水。

沾水筆

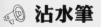

1829 年，英國人發明了有鋼筆尖的沾水筆，這種筆尖圓滑富有彈性，書寫流暢。不過，沾水筆需要不斷沾墨水，不夠方便。後來人們想到給沾水筆加一個管子儲存墨水，但是出墨卻需要手動擠壓，並不實用。

> 墨水用完了，吸一吸，真方便。

吸墨鋼筆

到了 20 世紀，意義上真正的現代鋼筆才出現。這種鋼筆筆桿中裝有墨水管，可以反覆儲存墨水。並且筆尖可以讓墨水自然流出。這樣，書寫時就非常方便了。

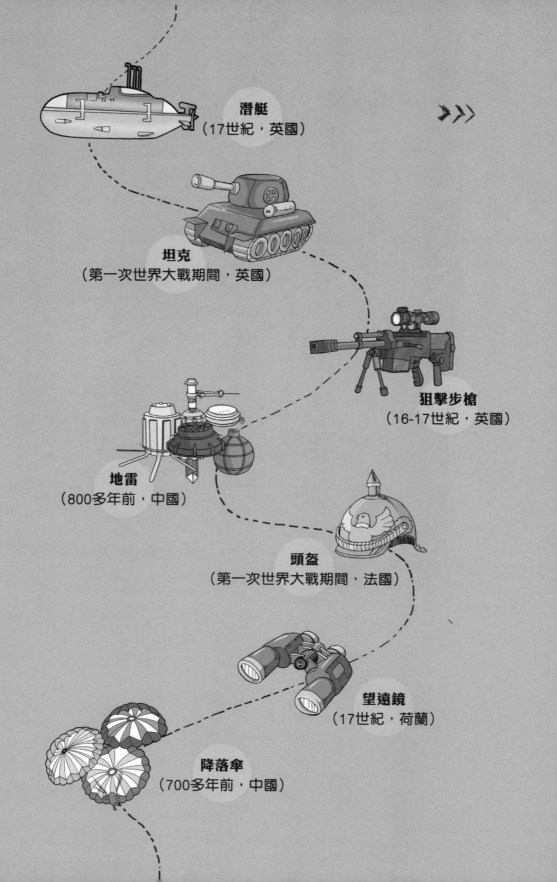

潜艇
（17世紀，英國）

>>>

坦克
（第一次世界大戰期間，英國）

狙擊步槍
（16-17世紀，英國）

地雷
（800多年前，中國）

頭盔
（第一次世界大戰期間，法國）

望遠鏡
（17世紀，荷蘭）

降落傘
（700多年前，中國）

軍事中的科技發明

戰爭雖然殘酷，卻激發了人們在科研上的比拼，很多尖端的發明最初都是應用在軍事領域。融會貫通和奇思妙想往往能帶來意想不到的效果。現在，讓我們來看看有哪些神奇的裝備吧！

能潛入水下的船
——潛艇的由來 （17世紀，英國）

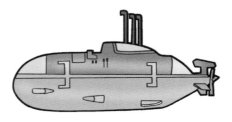

- 軍用潛艇可以從水下對敵船進行攻擊，是致命的戰略武器。
- 它還能用於水下勘探與科學研究。

自古以來，人們就幻想能到達大海深處去挖掘寶藏，但人類自身的潛水深度只有20米左右。

嗡吼！

後來，意大利畫家達文西靠着天才的想像力，設計出能到達深海的船，但是那時候的人們認為這個想法太過危險……

達文西，你畫的這是什麼？

嘿嘿，這是我構想的新式船隻，它可以潛到水下航行，厲害吧？

啊！在水下的船？那不是自殺嗎？你趕快放棄這種想法吧！

到了1620年，荷蘭人德雷貝爾實現了達文西的設想，他造了第一艘可以潛水的船，靠人搖槳航行。

嘩，真的潛到水下去了！

快看，又浮出水面了，真神奇！

這艘船的軍事潛力非常大啊！

它的隱蔽性非常好，可以前往世界的任何口岸。而且，它不受惡劣天氣的影響……

是嗎？我只想用它去尋寶，呵呵！

嗯嗯！

喂！你有沒有聽我分析啊？

我猜南印度洋的海底有寶藏。

為什麼這艘潛艇能夠自由下潛和上浮呢？
因為它有個神奇的機關。

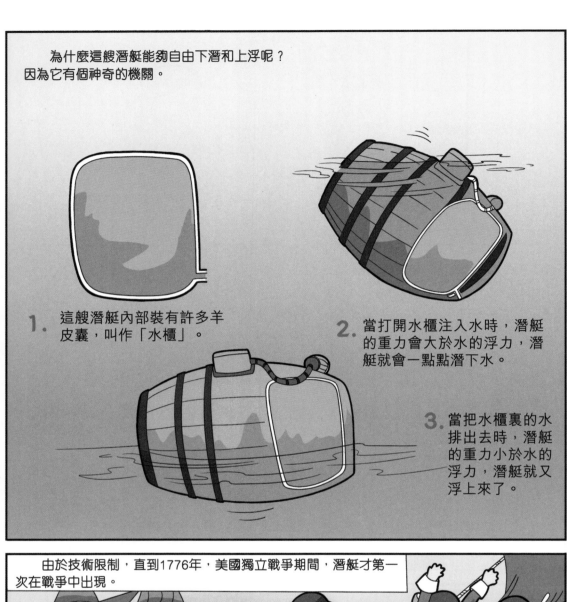

1. 這艘潛艇內部裝有許多羊皮囊，叫作「水櫃」。

2. 當打開水櫃注入水時，潛艇的重力會大於水的浮力，潛艇就會一點點潛下水。

3. 當把水櫃裏的水排出去時，潛艇的重力小於水的浮力，潛艇就又浮上來了。

由於技術限制，直到1776年，美國獨立戰爭期間，潛艇才第一次在戰爭中出現。

這些英國船，在我們的港口橫衝直撞，實在囂張！

他們船堅炮利，我們在海上根本不是他們的對手啊！應該怎麼辦？

除非我們能發明一種新式武器，不然……

為了對付英國人的戰艦，耶魯大學*的布殊奈爾建了一艘叫「海龜號」的作戰潛艇。

這是我發明的潛艇。

你說這個古怪的玩意能對付英國戰艦？

大學生，你是在開玩笑吧？

它能夠從水下攻擊水面上的戰船。

哦？怎麼攻擊？

它可以秘密潛到敵船下面，然後將攜帶的定時炸彈懸掛在敵船下面，嘿嘿……

嘩！這不就是我們盼望的新式武器嗎？我願意駕駛它去戰鬥。

我也願意。

算我一個。

*耶魯大學：美國一所著名的私立研究型大學，是美國三大古老的名校之一。

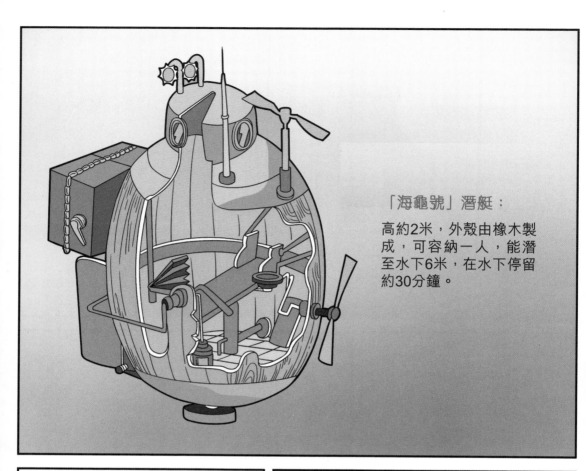

「海龜號」潛艇：

高約2米，外殼由橡木製成，可容納一人，能潛至水下6米，在水下停留約30分鐘。

一個美國上士駕駛着「海龜號」成功潛到了一艘英國戰艦下，可是他的行動卻沒有想像中那麼順利。

可惡，居然還沒有鑽穿！

10分鐘後………

英國船真硬，居然鑽不穿。

半小時後……

不行，我儲存的空氣不夠了。看來這次計劃要失敗了，唉！

雖然潛艇在戰爭中的第一次亮相以失敗告終，但它揭開了潛艇戰的序幕。

我相信只要不斷改進，潛艇最終一定能成功擊沉軍艦。

其後，潛艇的軍事價值被各國重視。1801年，出現了金屬結構的潛艇。

過去的潛艇都是木質結構，不僅不結實，而且下潛的深度也非常有限。

是啊，換成鋼鐵結構就堅固多了！

材料問題雖然解決了，但新的問題又來了——靠人力來推動潛艇航行，航速太慢。

後來潛艇又被改成蒸汽機*動力，但蒸汽機動力也有致命的缺陷。

嘟～

蒸汽機需要足夠的空氣才能工作，在水下根本沒有足夠的空氣啊！

1897年，愛爾蘭人霍蘭採用汽油發動機和充電池電動機的雙推進動力裝置，終於解決了潛艇的動力難題。

雙推進動力裝置的好處是，在水面航行時，啟動汽油發動機；在水下航行時，啟動充電池電動機。

*蒸汽機：以水蒸氣發電的機器。

這樣潛艇在水上航行平穩，同時能節省充電池的使用量，留在水下使用。

嘩，太棒了，它的航速是多少？

比以往的潛艇幾乎快一倍！

武器裝備呢？

我們在潛艇首次裝了魚雷發射管，有3枚魚雷，還有2門大炮，外加5名船員。

嘩，潛艇的戰鬥力又提升了！

後來，潛艇採用了動力更強的柴油發動機，第一次世界大戰時，德國用U型潛艇，一個多小時內，接連擊沉了3艘英國巡洋艦，充分顯示了潛艇的作戰威力。

我可惹不起它，快掉頭，快掉頭！

前方發現德軍的U型潛艇蹤跡。

此後，各國都在努力將潛艇的動力變得更大。1954年，美國製造了一艘採用核動力的潛艇，就是核潛艇。

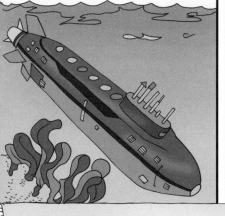

採用核動力的潛艇續航能力非常強，能夠在水下持續航20萬海里。

嘩！核潛艇真厲害！

現代核潛艇：

聲納系統

消聲系統

螺旋槳

船身

核反應堆

導彈系統

聲納系統

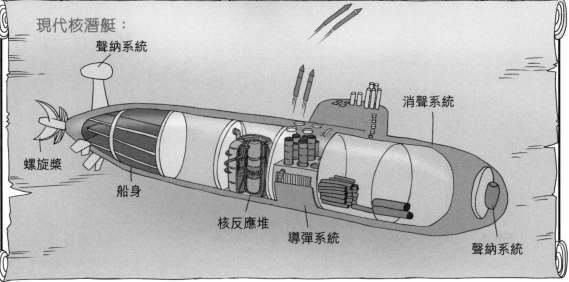

科學家通過觀察和研究魚的浮沉，得到了很大的啟發，從而研究出潛艇。除了在軍事中發揮作用，潛艇也一直承擔着科學考察工作。隨着潛艇技術的提升，人類終將征服地球上最後的秘境——深海。

潛艇的結構

偵測系統

潛艇的偵測設備主要是潛望鏡、雷達等。下潛深度不深時，可以利用潛望鏡觀察到水面上的情況。

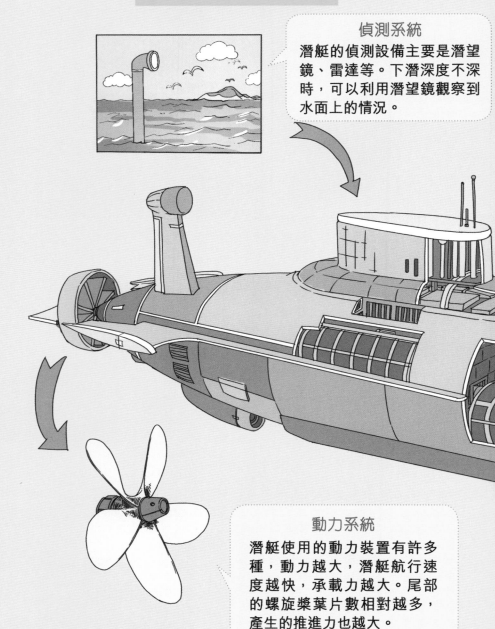

動力系統

潛艇使用的動力裝置有許多種，動力越大，潛艇航行速度越快，承載力越大。尾部的螺旋槳葉片數相對越多，產生的推進力也越大。

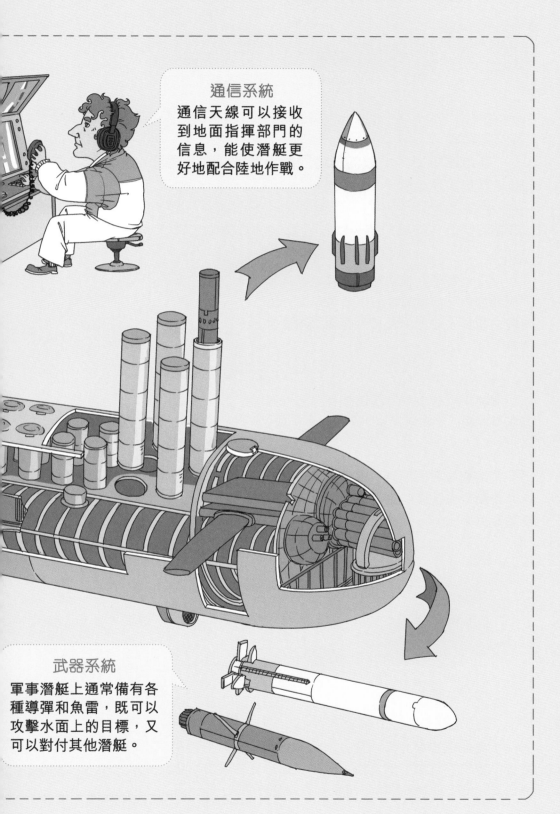

通信系統
通信天線可以接收到地面指揮部門的信息，能使潛艇更好地配合陸地作戰。

武器系統
軍事潛艇上通常備有各種導彈和魚雷，既可以攻擊水面上的目標，又可以對付其他潛艇。

潜艇的浮潜原理

按照浮力原理，如果一個東西重量大於水的浮力，就會一直下潛，甚至到海底。

可是實際上，一般的潛艇只能下潛數百米，再深一點的也才數千米。這是為什麼呢？

因為海水除了浮力，還有壓力。深度越深，壓力就越大。當潛艇無法承受巨大的壓力時，就會被壓成一個鐵塊。

浸在水裏的任何東西都會感受到水向上承托的力，這就是浮力。如果浮力大於物體的重量，物體就會被水托起；相反，就會下沉。

潛艇上浮和下潛的關鍵就在於它的內部擁有水箱。水箱充滿水，潛艇就會下潛。

當潛艇需要上浮時，就排出水箱裏的水，潛艇就會變輕，重量小於浮力時，潛艇就會被水托上去了。

水壓的增加程度是以驚人的倍數增加，到達一定深度後，哪怕只是再下潛 1 米，潛艇表面承受的壓力也會增加幾十倍，少許製造上的瑕疵都會讓潛艇毀於一旦。

穿着鐵甲的「拖拉機」
——坦克的由來 （第一次世界大戰期間，英國）

- 坦克是裝有武器和裝甲的履帶式戰鬥車輛。
- 它具有強大的火力、一定的機動力和堅韌的裝甲防護力。
- 坦克是地面作戰的主要突擊兵器。

第一次世界大戰初期，由於德國軍事力量強大，英法聯軍經常被打得潰不成軍。

勇士們，勝利一定屬於正義的一方！

為了我們的國家，衝啊！

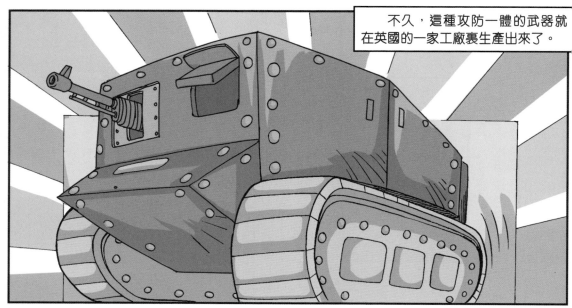

不久，這種攻防一體的武器就在英國的一家工廠裏生產出來了。

看起來不錯，就是不知道實際效果怎麼樣。你開到操練場試一下。

是！

太棒了！照着這個樣子趕造一批出來！

這是什麼怪物！

憑借這種新式戰車，英法聯軍終於衝破了德國的防禦線，取得了巨大的勝利。

天馬行空的想像力，往往是偉大發明的開始。當我們遇到極需解決的難題時，不妨充分發揮我們的想像力，儘管剛開始時可能很多人都覺得很荒唐，但當你付諸行動時，或許會發現這個想法並沒有想像的那麼糟糕，甚至還可能是一個奇跡。

坦克作戰

坦克是裝有封閉裝甲防護和炮塔、依靠履帶推進的戰鬥車輛。坦克具有強大的火力、超強的防護性以及較高的機動性。

在戰場上，坦克主要用於突破敵人的防線，它有着「陸戰之王」的稱號。坦克的出現大大豐富了戰爭的戰略戰術。二戰期間，德國著名的「閃電戰」，就是一種需要充分利用坦克才能實現的戰術。

主戰坦克的構成

主戰坦克是裝有大威力大炮、具有高度越野機動性和裝甲防護力的履帶式裝甲戰鬥車輛。一般全重為 40 至 70 噸，大炮口徑目前多在 105 毫米以上。主要用於與敵方坦克和其他裝甲車輛戰鬥，也可以摧毀敵方的反坦克武器、防禦障礙物及殲滅敵方軍隊。

指揮的座艙內裝有潛望鏡，可以觀測敵情。

機槍的主要作用是近距離作戰。

主炮用於遠距離攻擊。

煙霧製造器，可以釋放大量煙霧掩護坦克。

底部安裝履帶，由前後的驅動輪帶動。

旋轉式炮塔，可以使主力炮360度旋轉，瞄準各個方向。

兩側的履帶可以獨立操作，所以能夠原地掉頭。

車內一般有 3 至 5 名操作人員，並載有彈藥。

📢 **坦克的分類：** 坦克一般可根據重量分為輕型、中型和重型三類。

輕型坦克：
10 至 20 噸重的坦克為輕型坦克，主要用於偵察和空降作戰。

中型坦克：
20 至 40 噸重的坦克為中型坦克，主要執行裝甲部隊的作戰任務。

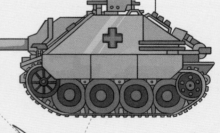

重型坦克：
40 至 70 噸重的坦克為重型坦克，主要用於破壞障礙物和掩護較輕型的坦克。

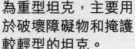

狙擊手的專屬武器
——狙擊步槍的由來 （16-17世紀，英國）

- 狙擊步槍是一種特殊的步槍。
- 它裝有瞄準鏡，射程遠、準確度高、殺傷力大。
- 它專門用於遠距離射殺敵人。

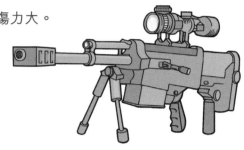

狙擊步槍，其英文名字sniper rifle與印度的鷸鳥snipe有關。

快把這些印度寶貝背回英國去！

400多年前，英國開始逐步將印度變成自己的殖民地。

從此，印度成了英國貴族最愛度假的地方，他們經常到印度的鄉野間打獵娛樂。

印度真是個好地方，到處都是野生動物。

沒錯，天天滿載而歸。哈哈哈……

但是，貴族們發現印度的鷸鳥反應靈敏，速度奇快，非常難獵。

都說這鷸鳥難獵，我們今天就打幾隻讓別人見識見識……

壞了！被發現了！趕快打！

啪！

可惡，沒打中。我們一起打，看它們怎麼躲！

一槍也沒打中……

我們幾個可是大英帝國最有名的槍手，居然連隻鷸鳥都打不中，回去會讓人取笑的！

不，我覺得不是我們的槍法有問題，而是我們的槍有問題。

槍？

槍有什麼問題？都可以打得響。

哦？那我們該怎麼辦？難道就這麼放棄，空手回去？

鷸鳥不僅靈敏，而且體型小，我們的槍射程和精準度都不夠。

我覺得要打到鷸鳥，除了要具備高超的射擊技術，還要有射擊精準度高的槍才行。

數日之後……

這……這不就是普通的槍嗎？

看上去雖然相似，但這把槍射擊精準度更高，而且射程更遠。

是嗎？我們去沼澤地找鷸鳥試試。

等等。

我們要先把衣服換了才能去。鷸鳥感觀異常靈敏，我們需要穿上這種衣服在草叢中偽裝一下。

這樣成功率肯定會更高。讓我們一洗前恥吧！

有道理

嘭！

我們終於打中了！多虧了這把槍，哈哈哈！

這次，他們終於成功打到了鷸鳥。

135

此後，打鷸鳥的獵人都採用這種方法，稱為「獵鷸者」。

要做獵鷸者，偽裝術、射擊技術和精準度高的槍支缺一不可。

後來，一些國家效仿獵鷸者，專門訓練了特殊的兵種——狙擊手，並配備精準度高的槍支。

獵鷸者的裝備

顏色與樹林相近的衣服

射擊精準度高射程遠的槍支

野外用的手套

偽裝頭部用的灌木

便於攀爬的靴子

由於狙擊手源自於獵鷸者，所以英文同被稱為「獵鷸者」，而狙擊手使用的槍在英文就被稱為「獵鷸者的步槍」。

一個優秀的狙擊手離不開狙擊步槍。

150多年前，美國爆發南北戰爭，在這場戰爭中，出現了帶有高倍瞄準鏡的狙擊步槍。

這種狙擊步槍安裝了三倍瞄準鏡，能讓你射擊距離更遠的目標。

剛開始，許多國家並不重視狙擊手，直到第一次世界大戰後，各個國家才發現其價值，紛紛訓練狙擊手，研發狙擊步槍。

狙擊手可以遠距離射殺敵方的重要人物，對扭轉戰局能起到關鍵作用。

作為狙擊手，我可以用很小的成本讓敵人付出巨大的代價。

到了第二次世界大戰，狙擊手和狙擊步槍更突顯其價值。

此後，許多國家不斷研發狙擊步槍，使得狙擊步槍的射擊精準度越來越高，射程也越來越遠。

狙擊步槍是一種精準度很高的射擊武器。它的威力雖然與大炮、坦克、轟炸機等無法相提並論，但足以對敵軍的心理產生極大的震懾，甚至使敵人羣龍無首而遭受極大損失。但是因為狙擊手有暗殺的性質，所以一旦被俘，往往不會受到寬容的對待。為了消滅他們，敵人會使用殺傷力更大的武器。

古代騎兵的剋星
——地雷的由來 （800多年前，中國）

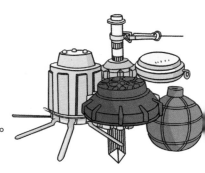

- 地雷，是一種埋入地下、具有隱蔽性的防禦武器。
- 它很久以前就於中國出現。

1130年，金兵大舉南下，意圖攻取南宋的陝州（今河南）。

陝州

大人，我們跟金兵拼了！

拼？就我們那些步兵，怎麼抵抗人家橫行千里的騎兵？

這個……

唉，看來我陝州要完了！

為了對抗金兵，陝州的官兵全都苦思良策。

將軍，我們可以用火箭對付金兵。

不行，火箭殺傷力小，而且填裝火藥太麻煩，根本阻攔不了快速突進的金人騎兵。

我們可以設計一種裝火藥量大，而且事先填充好火藥的火器，專門對付騎兵。

不錯，那我們就造幾個試試。

經過一番努力，宋軍終於設計出一種新式武器。

將軍請看，這就是我們研製的火藥炮。

是的，只要把它埋在地下，當騎兵從它上面走過，會觸碰裏面的引線，火藥炮就會爆炸。

火藥炮？

金兵進攻的時候根本沒想到會有這種武器，結果傷亡慘重，落敗而歸。

啊！平地怎麼突然爆炸了？快撤退！快撤退！

這種火藥炮就是最早的地雷。到了明朝，地雷的使用更為普遍。

將軍，這個是我們新研製的地雷。

安全第一

哦？

它採用了機械點火裝置，比以往的地雷更加穩定，威力也更強。

是嗎？哈哈哈，太好了！

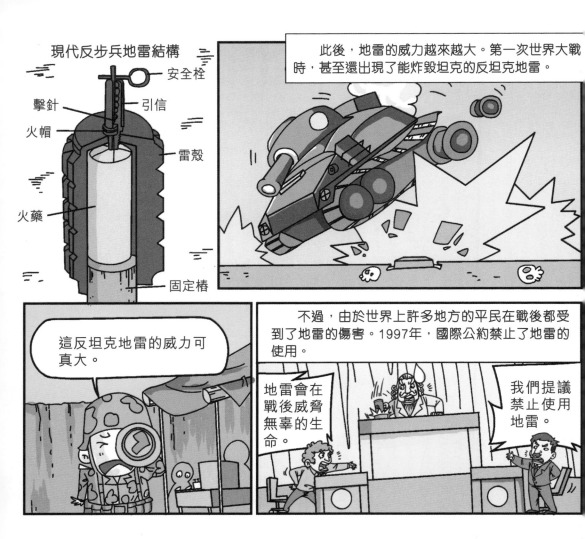

現代反步兵地雷結構

安全栓
擊針
引信
火帽
雷殼
火藥
固定椿

此後,地雷的威力越來越大。第一次世界大戰時,甚至還出現了能炸毀坦克的反坦克地雷。

這反坦克地雷的威力可真大。

不過,由於世界上許多地方的平民在戰後都受到了地雷的傷害。1997年,國際公約禁止了地雷的使用。

地雷會在戰後威脅無辜的生命。

我們提議禁止使用地雷。

　　地雷在中國有近900年的歷史。中國古代的地雷多是用石、陶、鐵製成,將它埋入地下進行防禦攻擊。地雷因為節省人力、威懾力大,得到很多軍事家的青睞。近代戰爭中,地雷更是變得五花八門、難以處理。在當下這樣的和平年代,當年發揮重要作用的地雷,如今卻給當地居民帶來了嚴重威脅,清除它們也成了艱難的工作。

救命的鐵鍋
—— 頭盔的由來

- 頭盔是保護頭部的裝備，以前經常用在軍人訓練和作戰中。
- 現在也是人們日常安全防範中不可或缺的工具。

頭盔的歷史非常悠久，而近代的頭盔誕生於第一次世界大戰，由一位名叫亞德里安的法國將軍研究出來。這源於他對一名倖存士兵的慰問。

孩子，你是怎麼活下來的？

德軍炮擊的時候，我正好在給大家做飯。

143

我看到爆炸和飛石，一着急就把手邊的鐵鍋扣在了頭上。

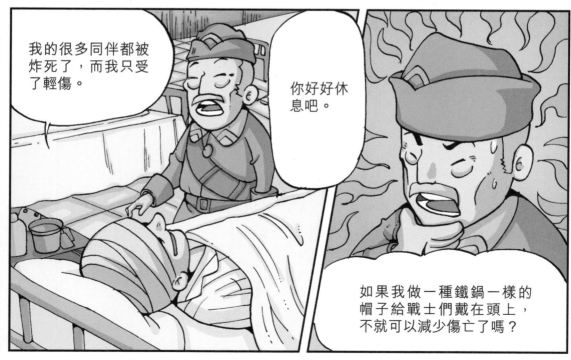

我的很多同伴都被炸死了，而我只受了輕傷。

你好好休息吧。

如果我做一種鐵鍋一樣的帽子給戰士們戴在頭上，不就可以減少傷亡了嗎？

於是，亞德里安立即讓一個小組進行研究工作，製造出第一代頭盔。

將軍，研製成功了！

太好了。這樣戰士們在上戰場的時候，就可以有效地保護自己啦！

亞德里安很快給部隊配備了這種頭盔，效果顯著。

他們頭上戴的是什麼？

報告，我軍由於裝備了頭盔，大大降低了傷亡率！

非常好！

很快，各國軍隊都由此受到啟發，紛紛裝備了頭盔。

我們部隊的頭盔有沒有準備好？

已經準備齊全了！

現在頭盔有了更多不同的類型，用途變得更加廣泛。

細節決定成敗！一個看似不起眼的頭盔，不僅大大增強了士兵們的士氣與衝鋒陷陣的勇氣，還決定了戰爭的走勢。我們在生活中也要做一個像亞德里安那樣的有心人，也許只是一個小小的發現，就會成為改變我們命運的轉折點。

放大遠處物體的筒鏡
——望遠鏡的由來 （17世紀，荷蘭）

- 望遠鏡是一種常見的光學儀器。
- 人們可以用它方便地觀察遠處的物體。

17世紀初，荷蘭磨製玻璃和寶石的技術很發達，於是出現了很多眼鏡製作工廠。這一天，眼鏡製造師李普希跟朋友拿着兩個鏡片在街道上散步。

李普希

看看凸透鏡清不清楚。

怎麼樣,看得清楚嗎?

李普希又拿起凹透鏡對準了風向標。

還不錯,凸透鏡不模糊,不知道凹透鏡怎麼樣。

一個膨脹變大,一個倒立變小。嘿嘿,不知道把兩個鏡子放在一起看會出現什麼效果。

於是,李普希把兩個鏡子排成一條線。

怎麼可能?難道是我眼花了?

看到什麼了?

你快看看!

沒想到凸透鏡和凹透鏡放在一起看,居然能放大遠處的物體!

怎麼樣,是不是很神奇?

風向標近在眼前……

是啊,而且還很清晰呢!

李普希回去後，立刻找來一隻空心細木筒，把兩片鏡片分別裝在筒口兩端。

這效果太棒啦！我應該去申請個專利！

1608年，李普希試圖為自己製作的望遠鏡申請專利，並遵從當局的要求，研製了雙筒望遠鏡。

你真是個天才！

你過獎了，我只是幸運而已。

生活中處處有驚喜，牛頓被樹上掉下來的蘋果打到了腦袋，反而讓他成了一名偉大的物理學家。李普希在無意中將凸透鏡和凹透鏡疊在一起，竟發明了望遠鏡。當我們發現了生活中的驚喜時，只有像他們一樣認真琢磨其中的原理，才能從中獲得更多寶貴的東西。

舜的逃生工具
——降落傘的由來 (700多年前，中國)

- 降落傘，是一種利用空氣阻力減速的裝置，可以讓人從高處安全降落到地面。在飛機上常備。

從高處落下而不受傷一直是過去人們探索的難題。我國古代就有類似現代降落傘的應用。這個有趣的故事被收錄在《史記》*中。

這些都是首領賞賜給你的？

舜

上古時期，有個叫舜的青年，他品德高尚，深受人們愛戴。

是啊，我還拒絕了一大半呢！

*《史記》：一部寫於西漢時期的史書，記載了從上古到西漢接近3,000年的歷史。

但是他的瞎父親、繼母和繼母所生兒子的象的心腸壞透了。

舜這小子憑什麼得到這些賞賜，這些應該歸我們才對。

但我們也不能明要明搶，畢竟那些是首領賞賜給他的。

沒錯，不能明搶，要動腦子。

象

繼母

父親

舜，我們家的糧倉頂破了個洞，你去修補一下。

好的，我上去看看。

象，快，準備火把。

你要……

趁着舜修補糧倉頂，偷偷放火把他燒死，神不知鬼不覺，沒人會懷疑我們的，哈哈！

啊！着火了！這麼高，跳下去我會摔死的。

但火越來越大了，怎麼辦？怎麼辦？

跳是死，不跳也是死……我要是能像鳥一樣，有對翅膀就好了……翅膀……

斗笠*！

有了，我用斗笠做翅膀不就行了嗎？

啊？這麼高跳下來居然也沒事？

斗笠的形狀和面積在下降時增加了空氣阻力，減慢了降落的速度，這與現代降落傘的原理是相同的。

*斗笠：一種用於遮陽，用竹子編成的大帽子。

相傳公元1306年前後，在元朝的一位皇帝的登基大典中，宮廷中表演了一個跳傘的節目。

好厲害！

後來，人類發明了熱氣球，為了保障空中人員的安全，雜技場上的降落傘開始進入航空領域。

飛機問世後，降落傘得到進一步改進，並出現了空降兵這一兵種。

現在，降落傘不僅在航空上被廣泛使用，而且還是許多登山冒險家必備的裝備。

在歷史上，航空業曾是一項充滿危險的行業。但自從有了降落傘，就大大增強了飛行員的安全感，也拯救了不少飛行員的生命。所以說，降落傘的發明改變了整個航空史。

科普漫畫系列

漫畫萬物起源：文明發展

作　　者：洋洋兔動漫
責任編輯：劉紀均
美術設計：鄭雅玲
出　　版：新雅文化事業有限公司
　　　　　香港英皇道499號北角工業大廈18樓
　　　　　電話：(852) 2138 7998
　　　　　傳真：(852) 2597 4003
　　　　　網址：http://www.sunya.com.hk
　　　　　電郵：marketing@sunya.com.hk
發　　行：香港聯合書刊物流有限公司
　　　　　香港荃灣德士古道220-248號荃灣工業中心16樓
　　　　　電話：(852) 2150 2100
　　　　　傳真：(852) 2407 3062
　　　　　電郵：info@suplogistics.com.hk
印　　刷：中華商務彩色印刷有限公司
　　　　　香港新界大埔汀麗路36號
版　　次：二〇二〇年四月初版
　　　　　二〇二一年五月第二次印刷